陈德锦 杨军 展辉 编著

云南出版集团公司
云南科技出版社
·昆 明·

图书在版编目（CIP）数据

翡翠.赏/陈德锦,杨军,展辉编著.--昆明:云南科技出版社,2013.9
ISBN 978-7-5416-7549-2

Ⅰ.①翡… Ⅱ.①陈… ②杨… ③展… Ⅲ.①翡翠—鉴赏—基本知识 Ⅳ.①TS933.21

中国版本图书馆CIP数据核字(2013)第229904号

策　　划：杨　峻
责任编辑：唐坤红
　　　　　洪丽春
整体设计：晓　晴
责任校对：叶水金
责任印制：翟　苑

云南出版集团公司
云南科技出版社出版发行
（昆明市环城西路609号云南新闻出版大楼　邮政编码：650034）
昆明卓林包装印刷有限公司印刷　全国新华书店经销
开本：787mm×1092mm　1/36　印张：2.5　字数：60千字
2013年9月第1版　　2013年9月第1次印刷
定价：25.00元

序

《翡翠——鉴、赏、购》系列书即将出版。这是长期工作在宝玉石鉴定工作岗位上的陈德锦、杨军等几位所著。我详细认真地阅读了几遍，感到非常有新意。翡翠的书已出版了许多，但鉴赏类占大多数，鉴赏类的书是很容易写的，因为人人都可以当鉴赏家，若要写得深入浅出就很难了。这套书的内容十分实用，它从翡翠的种、水、色、造型、鉴别、佩戴以及翡翠有关的方方面面都写得一目了然，而且非常易懂实用，使读者看了这本书就敢买翡翠，是至今任何翡翠的书所不及的。书内的许多内容如肉眼鉴定翡翠是那么的实用，说明作者实践经验很丰富，理论与实践紧密结合，是指导购买翡翠的一本好书，也是教学的一本好教材。

最近这十年，因为翡翠的持续升温，大量翡翠的书也跟着多了起来。因为大多写书的人没有真实地实践过，大量的垃圾书充斥书市，产生了许多伪专家，这都是我们要警惕的，而这套书是多年来未见到的好书，读了您就明白了。

书内有许多肉眼鉴定翡翠及其他与之区分的珠宝的经验，在其他的珠宝书内是不会写的，一是没有这个功底，二是不愿写出来教人。而这套书内，几乎把所有肉眼鉴定的知识、方法、步骤等等都列入书内供大家学习，这实为难能可贵。同时非常全面地把各种作假方法介绍出来，怎么鉴定写得一清二楚，这是珠宝书里所不多见的。

全书语言精练，专业性强，易懂易学易掌握，具极强的实用价值！

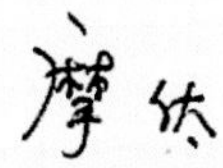

目录

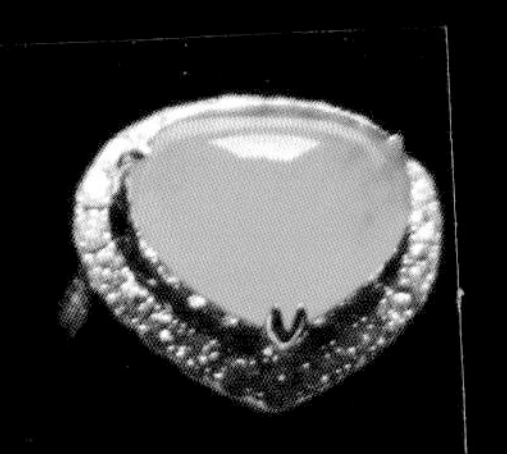

玉是什么？有人说玉是金钱，有人说玉是玩物，有人说玉是寄托，也有人说玉是哲学，玉是生命，玉是世间万物。

的确，每一方玉石都是天地自然孕育的精灵，其中都蕴藏着无尽的意味。玩玉之人最大的乐趣便在于从玉石中读出人生，品出哲理。

而如果把玉看作金钱的象征到处攀比、炫耀，那就太轻薄于玉了。

这也是为什么有的人玩了一辈子玉却始终没有遇到一块自己满意的藏品，而有的人偶然得之却视若珍宝，自得其乐的原因 。

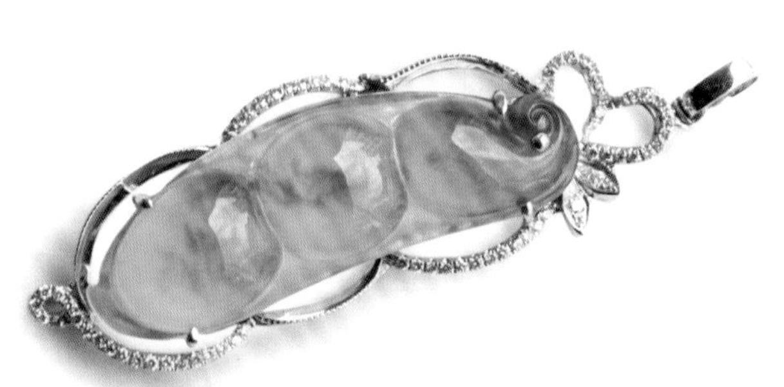

从功利的角度玩玉，玉无完玉；从精神的层面玩玉，玉无止境……

赏玉，需要的是一种平和的心态，抛却利益的牵绊，任思绪完全沉浸在那方流转的玉石中。玩工识艺是一种乐趣，解读原石的自然之美同样是一种乐趣，从那浑然天成的玉石中领会造物主的神奇，品悟其中蕴含的万种玄机。

赏文化，将一件玉石握于掌中，首先感觉到的是一种重量，沉甸甸，不同于杨花的轻飘，那是一种责任，是一种包容，是大丈夫的宽厚胸怀，“地势坤，君子以厚德载物”这不正是中华民族几千年来笃实忠厚的传统美德吗?

赏种，于指间细细把玩，翡翠种质温润细腻，清晰油光的毛孔仿佛无时不在轻柔地呼吸，即使种质不是最佳，也丝毫不影响它如君子般温和仁义的品质。

赏形，虽然历经千万年流水的洗礼，棱角已被磨圆，但退却了年少的轻狂，留下的却是岁月赋予的一份成熟与坚忍。

赏色，翡翠带漂亮的颜色，点点洒金，春意盎然，艳丽枣红，斑驳五彩，每一种色都是一首诗，一幅画，一种语言，一段历史。展开想象的翅膀，你会发现颜色本身就是一种艺术，而且颜色是岁月的积累，从中似乎可以窥见时光如白驹过隙，千万年静静流淌……

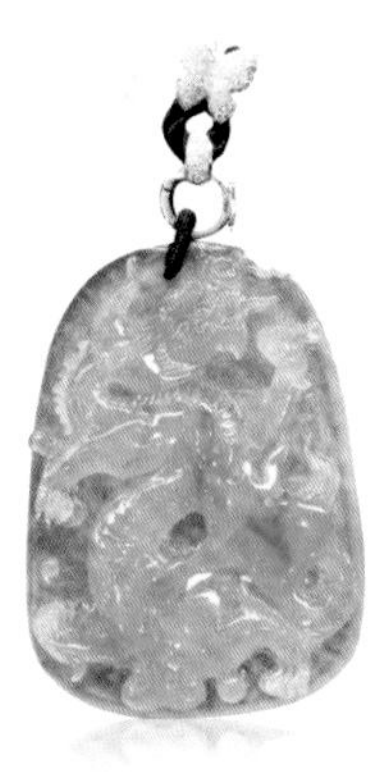

赏瑕，轻抚它的点点伤痕，一处浅裂，一条水线，一块僵皮，那不是瑕疵，那是大自然于时光的流转中在它身上镌刻的痕迹，如同饱经风霜的老者头上的丝丝银发，脸上道道沟壑般的皱纹。大多玩玉人追求的是无瑕，帝玉绿，但世界上根本不存在无瑕，帝玉绿少之又少，花费大把的时间和金钱去追求少之又少的东西只会让人心力交瘁。

人赏玉，玉读人，从人对玉的态度亦可看出人的包容心。玉的瑕是自然天成的，而人的瑕却出于自身对物质的贪念，与玉相比，人倒有几分自愧不如了。

赏音，轻轻叩击，玉石声音清脆悦耳，舒展清扬，没有一丝混沌嘈杂，从中读懂了为人之道除了悦己更要悦人，独乐乐，与人乐乐，孰乐？

赏种——翡翠的种

近年来，翡翠价格不断飙升，价格甚至上涨近百倍，上涨的速度更是令人咂舌。

眼下，当一个消费者来到市场中，他经常面对的就是商家关于各种“种”的说法。到底哪个“种”好啊，怎么买才物有所值啊？结果，消费者不问还好，越问越打听越糊涂。有的消费者找了各种翡翠知识的

出版物进行阅读，一看后发现，翡翠的“种”还真不少——“三十六水，七十二豆，一百零八蓝”，再拿着书本和市场上的翡翠一对照，有的对出来了，有的不知所云——到底哪个算是细豆种啊，这蛤蟆绿是什么色啊……简直乱了套。

实际上，现在大家口头不断提到的“种”，就是过去磨玉的老师傅为了将他所见到的翡翠做个简单区分，对没见到这件翡翠的人能有个描述，而随意用生活中的东西做个比拟，非常“自然主义”。比方说，像玻璃就叫玻璃种；差一点的，就叫冰种；结晶颗粒大的，就叫豆种；有一丝丝绿的分布，就叫金丝种……然后师傅教徒弟，代代相传。这种命名从一开始就是很模糊的，而且不是一种体系，没有系统性。

行家说的“种”主要指的是什么概念，这个“种”指的是“种份”，“种水”，指的是翡翠的结晶结构。翡翠是由很多小矿物结合而成的岩石，“种”是描述这些矿物颗粒的大小、结合的致密程度。颗粒结合越细，越紧密，“种”就越好，反之，颗粒越大，结合越松散，“种”就越差。把目前市场常见的翡翠“种”按从好到差排列，为玻璃种、冰种、金丝种、油种、豆种、干青种。

玻璃种

>> 飘蓝花的玻璃种

顾名思义，就是像玻璃一样透明度极高的翡翠，玉质（肉质）细腻，很难看到内部的纤维结构。比较纯净，杂质极少，也会有绵（一般为点状或絮状）当然一点绵都没有的价值会更高。透明度也不能完全和玻璃一样，这里只是类比。玻璃种翡翠价值最高，数量相对其他种的翡翠来说比较少。玻璃种翡翠也有不同的颜色，比如白，蓝，绿等。有飘翠（也叫飘花）的比较珍贵，飘翠（飘花）也分蓝色和绿色，如果是满绿色的玻璃种，而且绿色绿得正，就极为珍贵，是翡翠中的极品。

翡翠的玻璃种，真正意义上可以透光见字的玻璃种只出现于白色的翡翠，因为有色的翡翠即使是玻璃种，只要器形饱满也是不可以透光见字的。而白色的翡翠根据其内部的种质，水头，绵点，结构细密程度，通透的程度不同等原因，市场价值的起伏差异也非常悬殊。

冰种

透明度和水头略次于玻璃种，顾名思义，像冰一样透明，质优者常被充为玻璃种出售，属于高档翡翠。所以它也同样有高中低档之分。

油青种

油青种翡翠是指绿色较暗的一种，颜色不是纯的绿色，掺有灰色或带一些蓝色，因此不够鲜艳，它的颜色可以由浅至深，由于它表面光泽似油脂光泽，因此称为油青种。它根据透明的程度同样也分高中低档。上好的油青也是要上万的价格。

>>高档油青

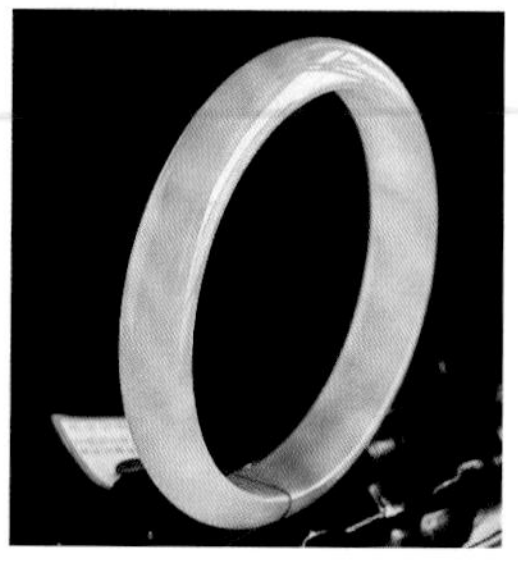

冰糯/糯种

质地介于透明与不透明，就像煮熟的糯米，冰糯的质地也是非常漂亮的。同样分高中低档。

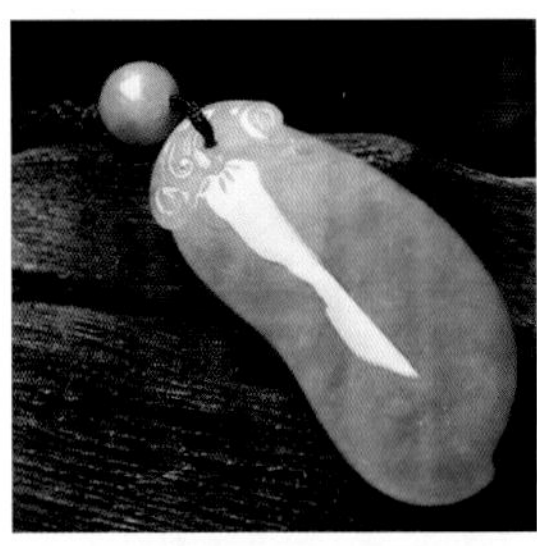

糯种

冰糯

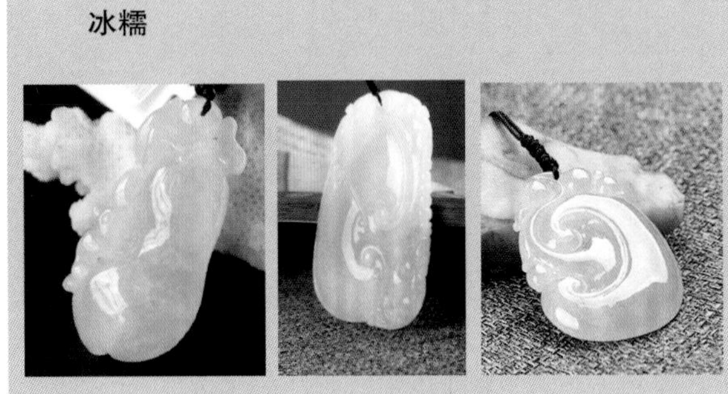

花青种

花青种指的是绿色分布呈脉状的，而又非常不规则的一种翡翠，其底色可能为淡绿色或其他颜色，质地可粗可细，例如豆底花青，它的结构晶粒较粗，称为豆底，它不规则的颜色，有时分布较密集，也可能较疏落，可深也可浅，这类翡翠因此获称为花青种。同样有高中低之分。

翡翠的颜色分布大多数是不规则的，所以花青种比较多是不足为奇的，实际上分细些，花青种可以进一步分为：豆底花青、马子花青、油底花青……。花青种翡翠，特点是绿色分布不规则。

>> 一眼就能看出的花青

白底青种

白底青种是缅甸翡翠中分布较广泛的一种，其特征是底色一般较白，当然有时也会有一些杂质，白底青的绿色是较鲜艳的，因为底色较白更显得绿白分明，绿色部分大多数是团块状出现，这几方面都是和花青种不同的。白底青种大多数不透明，但也有较透的，此品种同样有高中低档之分。

芙蓉种

它的颜色一般为淡绿色，不带黄，很淡雅，看不到明显的纤维颗粒的界限。虽算不上透明，但温润而淡雅，有种脱俗的美！

金丝种

金丝种指的是翡翠的颜色成丝状分布，平行排列，可以清楚看到绿色是沿一定方向间断出现的，当然绿色的条带可粗可细。

金丝种翡翠的档次要看它绿色条带的色泽和绿色带所占的比例多少，以及质地粗细的情况而定，颜色条带粗，占面积比例大，颜色又比较鲜艳的，价值当然高，相反颜色带稀稀落落，且浅色的就便宜多了，所以同样有高中低档。

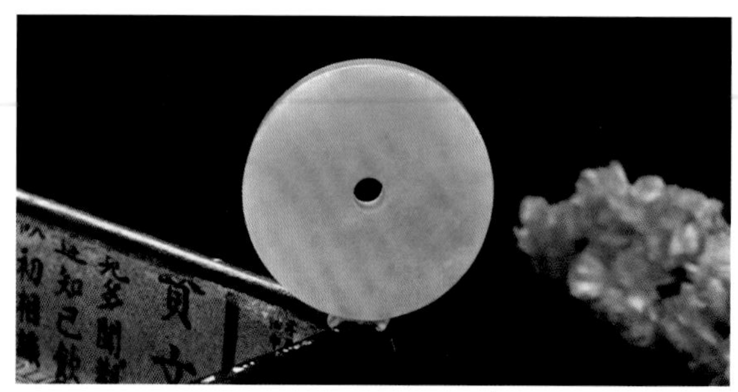

紫罗兰种

这是一种特殊的品种，行内习惯于称“椿”。这是一种紫色的翡翠，这种翡翠的紫色一般都较淡，好像紫罗兰花的紫色，因此命名。当它和其他颜色配在一起时，我们通常称其为椿，所以椿其实也就是紫的意思。

仔细观察紫色的翡翠，其色调略有不同，一般讲可分为粉紫、茄紫、蓝紫。粉紫质地比较细，透明度好一些的比较难得，茄紫较次，蓝紫一般质地较粗，又可进一步称为紫豆。

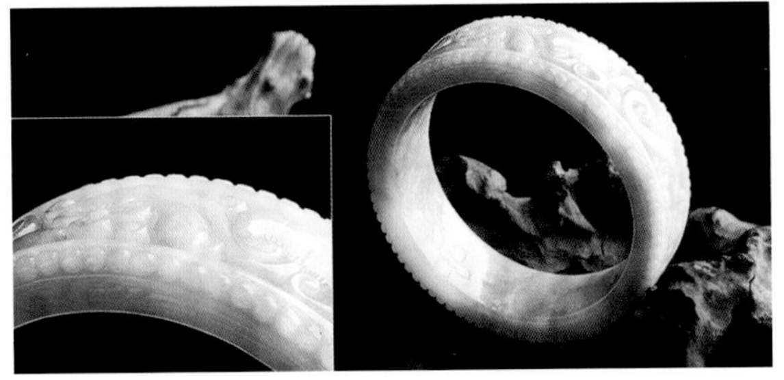

>>紫色的翡翠，一般黄光下面看，会显得紫色较深，选购时要小心此一点。紫色深的，质地细的，透明度高的翡翠是很难得的，所以也特别受到欧美人士的垂青。

豆种

豆种是一种非常形象的称呼，我们知道翡翠是一种多晶体，如果组成翡翠的晶体较粗，比如大于1毫米就会很容易被肉眼看到，粗的翡翠晶体多数是短柱状，当这些短柱状晶体的边界很清楚时，看起来很像一粒一粒绿豆，所以叫作豆种。

“十青九豆”可以看出豆种的广泛性了，豆种也可以进一步分为：糖豆、冰豆、细豆、粗豆……所以高档豆种价值同样是不菲的。

龙石种

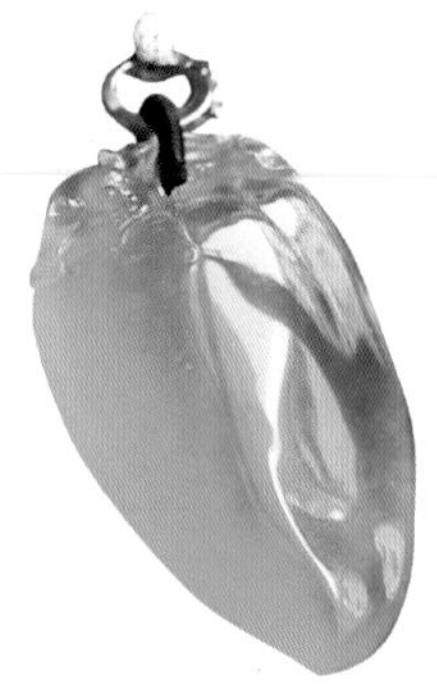

又称龙种，神种，新名词，意思是种和色结合完美，底子不吃色，色也不吃底子，是最近比较热门的词。

藕粉种

其质地细腻如同藕粉，颜色呈浅粉紫红色（浅椿色）。

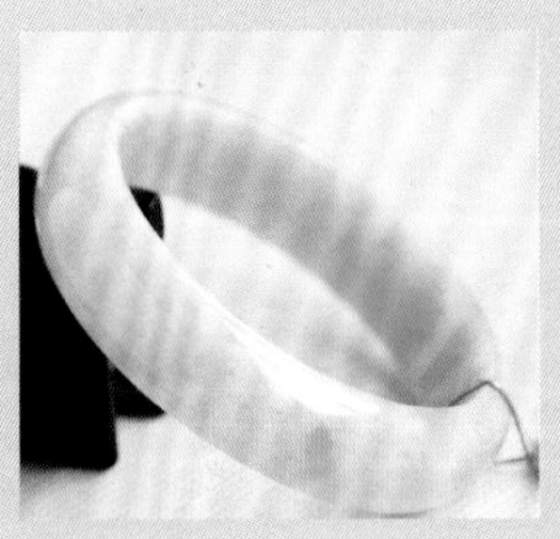

“木那种”

“木那种”翡翠是近期高档翡翠市场上很受追捧的一个翡翠新种，她以鲜艳均匀的绿色、透明清澈的水头，令无数收藏者追捧。其特点是：种色均匀、满色，带有明显的点状绵、星星点点分布于翡翠各个位置。因此这个特点也影响了其价格。市场上通常把相似这类翡翠统称为“木那”。在这里，笔者初步定义了翡翠“木那种”这个新种名：“木那种”翡翠是指那些整体种色均匀的但明显带有较多点状棉的翡翠，通常其点状绵为白色，且数量较多，无规律地随机分布于翡翠各个位置中。而狭义的“木那种”翡翠是指产自于缅甸“木那”场口的翡翠，广义的“木那种”翡翠是指产自于“木那”场口的翡翠以及具有相似“木那种”特点的非“木那”场口的翡翠的统称。通过了解，得知 “木那”的名称，源于缅甸一个名为

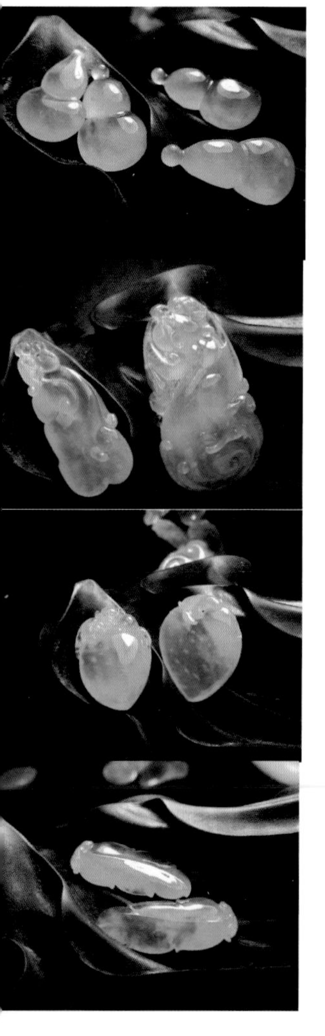

"木那"的翡翠矿，缅甸有帕敢场区、木坎场区、南奇场区和后江场区共四个老场区。帕敢场区是最古老、最著名，也是产量大的老坑区，这个场区是冲积或残—坡积矿床，位于乌鲁江中游，系统的开采始于公元1世纪，目前挖掘最深的坑洞已达第五层约为30米左右深。"木那"场口即属于帕敢场区，同场区其他著名场口还有灰卡、大谷地、四通卡、老帕敢等28个以上场口。"木那"是其中一个场口名，分上"木那"和下"木那"，以盛产种色均匀的满色料出名，"木那"出的翡翠基本带有明显的点状绵，但这个没有影响到其高档次。

那么"木那种"翡翠又何以成名呢？主要的一

点是60年代后，整个帕敢场区出的翡翠料几乎是百赌百输，而上下“木那”的场口连出满色玻璃种，因此整个东南亚玉商，都对“木那种”翡翠原料趋之若鹜，一些矿口原石仿“木那”、冒“木那”泛滥成风。中国人开始玩翡翠后，“木那种”翡翠于近年来在国内开始扬名起来，也受到了内地市场的极度追捧，“木那”这个名字也快速得到了市场的认同。

在市场的推动下，一些著名场口不得不低下了高贵的头，臣服在“木那”之下了，大马坎场区、莫老

埂、仙桐、莫敢场口，更是为了自己的料有点绵而欢呼雀跃。网络上有一句话，是这样形容“木那种”翡翠的：海天一色，点点雪花，混沌初开，“木那”至尊。

其实现在市场很多自称是“木那种”的翡翠其实不是“木那”场口出的，“木那”场口每年的产量是很少的。但是很多冠名“木那”的翡翠种水色都十分出色，其品质之好，甚至超过原“木那”场口的，只是其出身不被市场熟悉，不得不说自己出自“木那”。后来，有类似特征的翡翠都被归入“木那种”里面。

“木那种”翡翠较多见之于以销售高档翡翠著称的广东省揭阳市阳美市场，广州、昆明市场的“木那种”翡翠绝大多数是出自于阳美市场的，其艳丽的颜色、精湛的雕工处处透露出高雅的气质和诱人的魅

力，使无数人对其垂涎三尺。当然了，其价格当仁不让是很高的，自市场出现“木那种”翡翠以来，其价格是一路看涨，其中也不乏人为炒作。开始在网络市场上炒作，批发的卖家一看劲头不错，也跟着炒起来，从成品到片料，是越炒越高。曾经有一手“木那种”翡翠片料，在阳美市场这里，首先在第一个档口以五万成交，买家放到自己档口卖，很快就以八万多的价格卖出去，第二个买家买下后也是很快就转手卖到十几万……就这样这手“木那种”翡翠片料转了几手，最后被一个云南人以二十几万买走，可见在阳美市场，炒片料的现象是很普遍的、也是很恐怖的。

虽然如此，但好货就是好货，无论价钱多高，总是不愁卖的，这也造就了阳美市场“开价高、谈价难”的特点，而且好货的价钱也是涨得很快的，一件货今天可以卖到十万，过了三个月，可能就可以卖到十五万了；再加上阳美市场的批发商大多都是家底厚财力强的，所以他们不怕压货。阳美市场的这个特色与广州、四会市场大大不同，在广州、四会市场做批发的福建、河南人，大多数人都希望档口里的货尽快走掉可以有资金去周转、生意细水长流；阳美市场的就不一样了，有的档口长时间不开张丝毫都不紧张。话说回来，“木那种”翡翠目前仍然是市场上最受欢迎的，其在未来的很长一段时间里，将左右着整个高档翡翠市场。

赏色——翡翠的颜色

翡翠的颜色按其呈色机理大致可分为原生色和次生色。原生色是翡翠形成过程中致色离子所致，次生色为翡翠成岩之后外来有色物质浸染所致，如黄色、红色等。一般黄色多为褐铁矿所致，红褐色为赤铁矿所致。B货没有次生色。

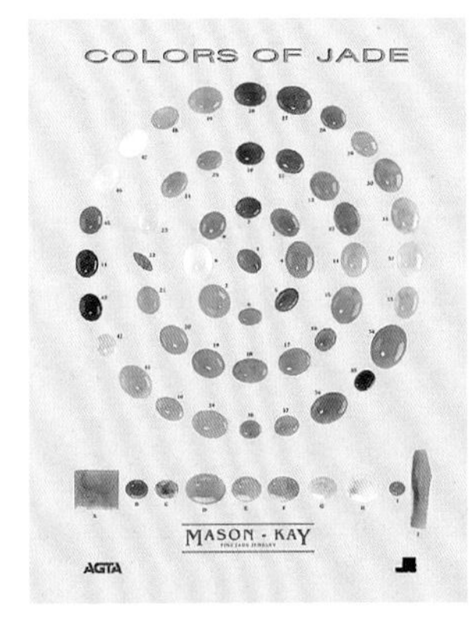

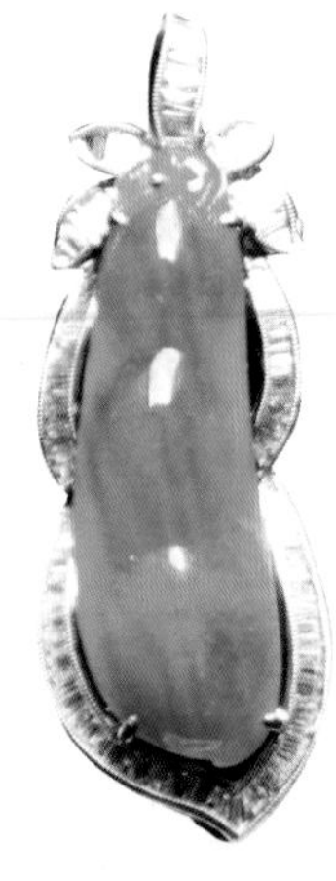

结合图例分析翡翠的“色”以及各种“色”的价值。

首先，上图基本上涵盖了，市场中可见的翡翠有颜色，从图中你可以很真切地感受到“千种翡翠，万种玛瑙”的行话含义。翡翠的色常见的有“红，黄，绿，蓝，灰，黑，白”等，其中“红”以明艳的红感为佳，黄以鸡油黄为高品，绿以帝王绿为贵，蓝和灰的市价都不太高。而“黑”以玻璃种或冰种质地干净，无绵或少绵的“墨翠”占有一定的市场价值，“白”以玻璃种刚性强，强荧光的蛋白为胜。

在选购自己喜欢的翡翠颜色时，不妨以下面的各种颜色的极品作为参照。在“种，水，地”的同等条件下，越是接近下面各种极品颜色的标准，相对来说，市值也就越高。

常见的颜色

白色

基本上不含其他杂质元素。

绿色

绿色是翡翠的常见颜色，所说的“翠”就是指绿色翡翠。主要由Cr、Ti、Fe等元素类质同象替代所引起的。含万分之几的Cr^{3+}翡翠呈现阳绿色，含千分之几的Cr^{3+}翡翠呈现翠绿色，含近1%的Cr^{3+}翡翠呈现暗绿色，Cr^{3+}的含量超过12.1%时翡翠为不透明的黑绿色。

在传统分色上，人们将翡翠的绿色以“浓”“阳”“俏”“正”“和”为上，反之则以“淡”“阴”“老”“邪”“花”为下。所谓“浓”，系指翡翠的颜色表现为深绿青翠而不带黑色，而绿色比较浅微的，则为“淡”。“阳”就是颜色要明亮鲜艳，看上去使眼睛一亮，而阴暗不明亮的则“阴”。“俏”，则是指翡翠的绿色要显得晶莹美丽而且可爱，反之则为“老”。“正”，颜色要纯正，不带其他杂色，如带有杂色，就显得“邪”了。“和”，绿色要均匀一致，如果绿色分布深浅不一，或者呈丝条状者，就被称为“花”了。

由于翡翠的绿色不同，为了区别这些绿翠，珠宝行业中给这些不同的翡翠绿色，冠之以最形象，最恰如其分的名称，我们除了能从这些名称中区别翡翠的品种外，更能看到翡翠内涵的文化性。

>>左边这个弯月形的蛋面，就很美很美了，颜色，种水，质地都无可挑剔，色浓，阳，俏，正，和，相当的到位。那种绿，透过光，给人的感觉就像是有底部冉冉升起，缓缓地漫入你的眼里，溢入你的心田，占满你所有的欲望。

翡翠绿色中的上品有四种：

宝石绿，为深浓的正绿，不带任何黄色，透明度好，高雅而庄重。因其色似祖母绿，故又称“祖母绿”；

玻璃绿，系指色艳绿如玻璃般明净通透，鲜艳而明亮，透明度好；

秧苗绿，绿色中略呈黄，透明度好，色感活泼有朝气，因其色似翠绿的秧苗，故又有“葱心绿”与“黄阳绿”之名；

艳绿，多指不带任何黄色和蓝色的中度深浅的正绿，纯正，透明度高，美丽而大方，有的地方称为“翠绿”。

这四种最为名贵，尤以宝石绿为最佳。其他如中品的阳俏绿、鹦哥绿、菠菜绿、浅水绿、浅阳绿、豆青绿、丝瓜绿，至于蛤蟆绿、瓜皮绿、梅花绿、灰绿、蓝绿、油绿、木绿则又等而下之。翡翠的绿淋漓尽致地体现出了翡翠的迷人魅力，是构成翡翠身价高低的非常重要的因素，更为奇妙的是，这些绿色又呈现不同的形状，如带状的带子绿，大小不等、互不相连的呈块状的团块绿，丝絮状的丝絮绿，另外如丝块绿、均匀绿、靠皮绿，这就使得翡翠绿色更加变幻莫测。另外，专家常常根据绿色的大致的排聚的方向，即绿色的走向，寻找绿色变化的规律，从而正确判断绿色的深浅与厚薄的程度。

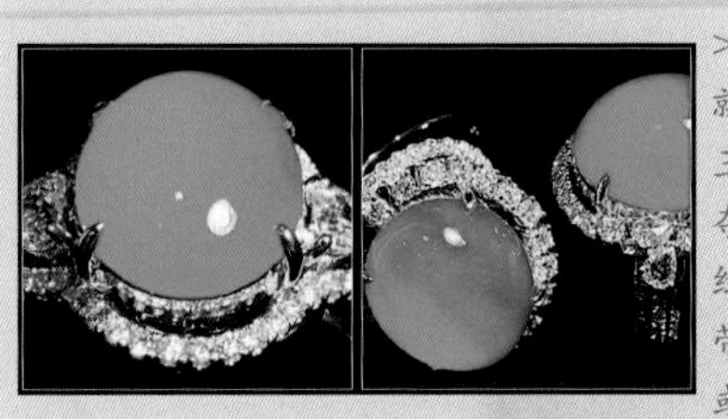

>> 图中所示的，就是人们常说的帝王绿了，绿得奢华夺目，高贵逼人。绿一定要正，不能带有一丁点的蓝味或是灰味。

一般真正的帝王绿就是一整个石料中的一点处，所以不太可能做成大的挂件，如果真的有这样帝王绿级别的挂件，那价格对于普通人来说也只是“可远观，而不可亵玩焉”。记住，如果常人以五位数的价格就能买到帝王绿挂件，大蛋面，那就不是什么稀奇的玩意了。

把市面常见的几种绿，排列在一起，参考对比。

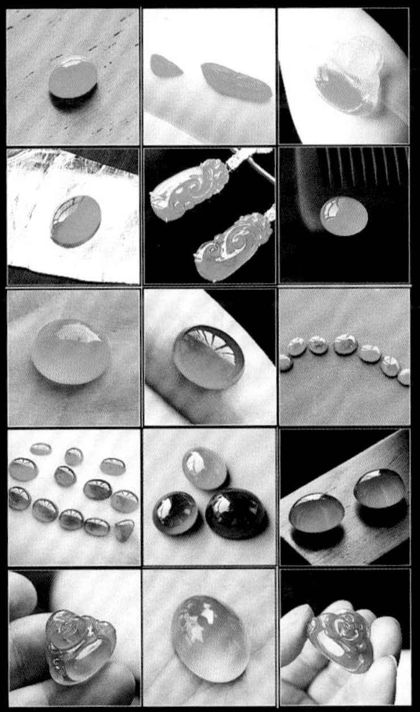

以上基本罗列出了市面上可见的几种绿，其中以前面两组的价值为优。

>> 墨翠毛料

黑色

翡翠的黑色有两种，一种在普通光源下为黑色，强光照射下则呈现墨绿色的翡翠，主要是由于过量的Cr、Fe造成的，市场上称为墨翠。另一种是呈深灰至灰黑色的翡翠，这种黑色是由于含有角闪石等暗色矿物，看上去很脏，是较为低档的翡翠。

墨翠的矿物成分并非组成翡翠的常见硬玉矿物，而是由绿辉石矿物集合体组成，其化学成分与硬玉比较，相对少SiO_2、Al_2O_3、Na_2O，但富含FeO、MgO和CaO等成分。导致绿辉石含铁比较高，是铁致色，导致墨翠中呈现的颜色主要是呈深绿色、蓝绿色、暗绿色甚至黑色。

显微镜下观察，墨翠中绿辉石呈细小均匀的柱状、纤维状、放射状集合体出现，构成紧密交织结构，是质地非常致密与细腻的翡翠品种之一。

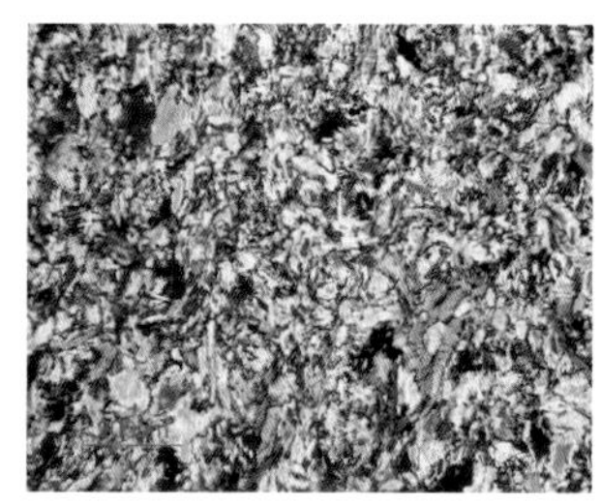

>> 偏光显微镜下墨翠中绿辉石的细粒交织结构

对于墨翠的价值评估主要注意从颜色、质地、透明度、瑕疵和雕刻工艺等五方面来进行。

（1）颜色。在自然光线下观察墨翠表面的颜色，应当越黑越好，不偏灰、不泛绿；但在透射光照射下则应显示出暗绿色、深蓝绿色；颜色分布均匀，无白色及其他颜色棉絮斑块。如果在平常的自然光线下出现的不是黑色，而是油青色、深绿色，那就不能称为墨翠，充其量只能称作为深色的油青或蓝水翡翠，价值也各不相同了。

>> 墨翠表面颜色为黑色

>> 透射光下墨翠表现为绿色

（2）质地。上好的墨翠在透射光下观察质地细腻、圆润，无颗粒感，无点状、团块状、网状棉絮；在抛光的平面上通过强光照射观察，表面质地均匀，看不出颗粒的质感。质量差的墨翠在透射光下颗粒感明显，点状、团块状棉絮较多，分布不均匀，表面反射光下观察矿物结晶颗粒粗大、质感明显。

>> 油青种翡翠三脚金蟾

质地细腻的墨翠表面光滑均匀（左）；质地粗的墨翠表面有棉絮感（右）

（3）透明度。墨翠在自然光线下观察尽管表面上是黑色的，但是要求透明度要好，强光照射下有光线透出，且越透明越好。质量差的墨翠虽然体现的是黑色，透明度差，甚至不透明。

>> 品质好的墨翠无颗粒感，均匀通透（左）。

（4）瑕疵。墨翠内部出现的棉絮和裂隙。墨翠一般会出现一些点状或不规则团块状的黄色、白色棉絮状物，有的也会出现一些小裂隙。要求内部尽量少出现棉絮和裂隙，出现的棉絮和裂隙等瑕疵也能够利用雕刻或抛磨砂表面的手法来进行规避。

品质差的墨翠内部颗粒感明显，局部透明，不均匀（右）

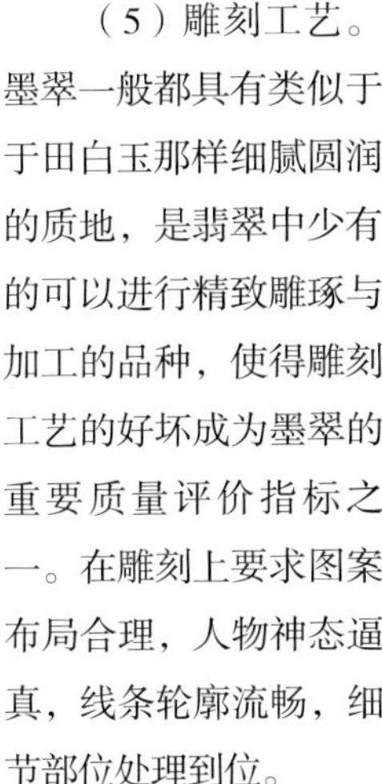

（5）雕刻工艺。墨翠一般都具有类似于田白玉那样细腻圆润的质地，是翡翠中少有的可以进行精致雕琢与加工的品种，使得雕刻工艺的好坏成为墨翠的重要质量评价指标之一。在雕刻上要求图案布局合理，人物神态逼真，线条轮廓流畅，细节部位处理到位。

墨翠由于是单一的颜色，经常会利用局部抛光和磨砂的表面处理手法来突出图案的主次特征，增加画面的层次感。所以要求抛光部位光亮平滑，磨砂部位细致柔润，两者界线分明。

>> 墨翠挂件“封侯挂印”，虚实结合，主题突出

紫色

由微量的Mn致色，对于紫色翡翠来说紫药水的紫色是最好的。

翡翠的紫色，相信接触得也比较多，我们常称“紫”为“紫罗兰”和“椿色”，但是同样是“紫”，价值也相差很多，一般来说我们接触比较多的是豆种或是糯种，偏蓝的“紫”，而不是粉紫。看看下面的几种紫，对比感受一下。

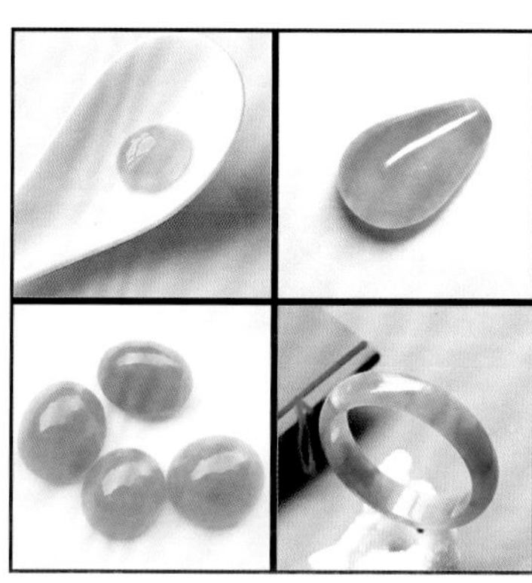

>> 左边的一列为粉紫，右边的一列为蓝紫味；上一行为玻璃种，下一行为糯种。一般来说如果紫色在阳光下还可以显而易见的话，那颜色算是比较浓了。而市面很常见的紫色品种在阳光下都会淡了许多，或是不可见。

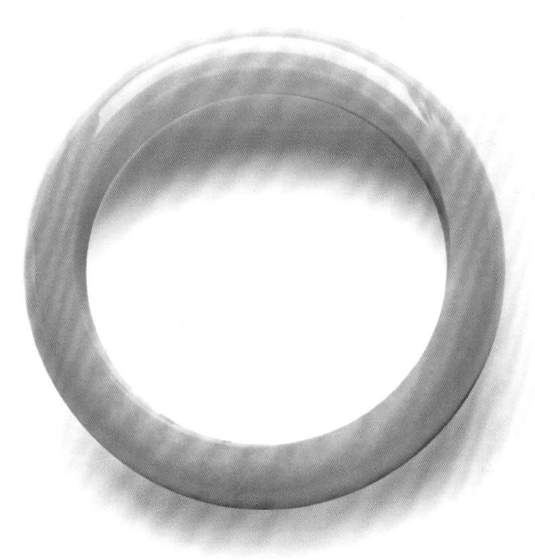

赏文化——翡翠文化

翡翠的美

翡翠的美，美在淡然，安定，大气，沉稳，不招摇，不俗艳，不虚张声势，那么超乎尘世之外，与众不同。只有与之有相同气质的人佩戴翡翠才会散发相同的美。

你看它们的质地那么坚硬，外观看起来，却那么柔和。温润的光泽感不耀目，却有一种触及心灵的动人。钻石的光彩是靠切工，用不同的琢面角度折射光，它自身其实是没什么光感的，而翡翠则不同，即使雕成摆件、挂件，你依然可以从每一个细微之处看到它的光泽变化，

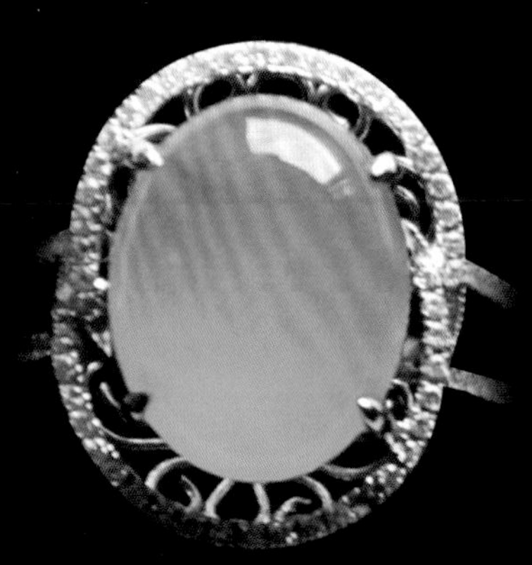

承雕琢而圆融，有华光而含蓄，流溢彩而温润，秉奇赋而莹洁，质坚硬而韧伟。欣赏翡翠的形质之美，不仅可以看到传统东方文化的博大精深，还可以品味出其中蕴含的丰富的人生智慧。

沿着岁月的沧桑，随着时空的斗转星移，游历传说与神话的空间，徜徉在人生与艺术的海洋里，那些与玉有关的情节是那样的鲜活动人，真的不知道是谁最先认识了这种叫作玉的石头，只是追逐着历史的影子，从玉到人，从人到玉，有的石头被发现了成了玉，有的还是石头；有的成了传家之宝甚而成为传国奇珍，被争夺，被占有，被炫耀。而此中的人，为玉，有的舍生取义、有的丧尽天良，再次体现了人之于玉、玉之于人那牵扯不断的缘，从中我们体验到玉的精深与博大。

>> “受命于天，既寿永昌”玺印拓

据传，“传国玉玺”的原材料便是那块闻名于世的“和氏璧”，春秋时楚国人卞和在一只凤凰所栖之处发现了它，便把它献给楚王，一段无比精彩的玉石传奇便开始了。秦统一六国之后，所谓“普天之下，莫非王土，率土之滨，莫非王臣”。和氏璧自然归秦始皇所有。深知此物价值的始皇命良工将它琢而为玺，并刻上“受命于天，既寿永昌”八个篆字。这就是让后世那些当皇帝或想当皇帝的人为之魂牵梦萦的“传国玉玺”。因为这个玉玺出自始皇，所以它被用来代表正统，所谓“真命天子”必须拥有这个玉玺，否则只能是草鸡大王而不是真命天子。这便是儒家的封建正统观念。几千多年来，围绕着这个玉玺发生了许多精彩的故事。我们比较熟悉的有《三国演义》里面的“匿玉玺孙坚背盟”。当时做长沙太守的孙坚攻入洛阳，在城南的一个水井中发现了这方“传国玉玺”。于是，孙坚认为这是天赐皇权与他，便很小人地背弃了拥立汉帝的誓约，偷回江东图谋自己有朝一日登上

权力巅峰的霸业。这方“传国玉玺”辗转在历朝历代的明争暗斗之中，终于在五代后唐时失踪。以后的每个皇帝都有自己的印章，而且不止一枚，但却没有了传国的玉玺。可以说，在所有的玉石中，传国玉玺是至高无上王权最直接也是最神圣的代表，同时，它牵动了无数人的玉玺情结，对传国玉玺下落的查访也没有被放弃过。

而当你仔细地揣摩《红楼梦》之后，你就会对玉有一个人性的发现，玉如人，人如玉，这是非常确切的说法，只是世人多名利，有时难解其中的缘由，而面对忙碌与纷繁的人生，谁又能静静地来体味个中细微呢？这就注定了许多的人永远只知黄金有价而不知为什么玉无价，正如只知人得活着，而不知活着是为了什么一样。同样一块玉石不同的人会有不同的眼光，从玉的种到水，底到色，那种丰富的色彩几乎包涵了大自然的色彩，这也就注定了玉的神奇与莫测。

如果说玉是美丽的石头，那么

翡翠就是最美的石头了，把翡翠这一种鸟的名字附到石头上，从美丽的鸟到美丽的石头翡翠成了人们心中的向往，从古时达官贵人的象征到现代人的饰物，翡翠的历史感动着一代又一代的人。红的翡，绿的翠，见证了那条丝绸之路上的深深马蹄印。

石以玉为美，玉以翡翠为上等，翡翠以绿为极品，翡翠的美丽足以打动所有人的爱美之心，那块《红楼梦》中的美玉就是上好的证明，那块被叫作命根子的传家之宝曾不止一次的让我们展开想象的翅膀沉浮与大自然的神奇中，诱人的色彩挑动着人的欲望，这个欲望是对美好的追求，而这让人动之以情的美好东西是大自然的神奇造化。俗话说人得

道成仙，石头得道成玉，翡翠是得道的石头，也有人说人有梦，石头也有梦，翡翠是站在梦中的石头，得道也好成仙也好，总之都是因为有了翡翠的美丽才会有了人们如此的关注。也正是因为有了如此的关注才会上演那些悲欢离合的故事。

首德次符——鉴赏玉器理论体系

鉴赏玉器必须记住十个字，山川之精英，人文之精美。山川之精英，讲的是材质美，每件玉器必须弄清它是翡翠玉还是和田玉，或是绿松石、玛瑙、蛇纹石、水晶等，进一步还要探讨它的产地。人文之精美，指的是玉器的造型美和雕琢美，以及影响造型美雕琢美的工艺、社会诸因素。由于历代玉材的不同，琢玉工具和琢玉技巧的不同，加上审美情趣和风俗习惯的不同，玉器的用途和所扮演的角色不同，每个时期玉器的造型及主题风格也是各不相同的，千姿百态，竞相争艳。

鉴赏玉器在中国古代就形成了一套完整的理论体系，“首德次符”理论就是其中最具代表性的。据考古与文献资料说明，春秋之前用玉者的心态，主要是显示威严、高贵和美感。春秋时期，这种心态发生了变化，其中重要的一个变化是对玉的特性赋予了人格化推崇。春秋晚期孔子等人倡导的“君子比德于玉”等学说以及春秋战国期间文献中常见的玉有“德”之论及“首德次符”“玉不琢不成器”“君子必佩玉”等等词句都说明了人们对玉的喜爱和重视。

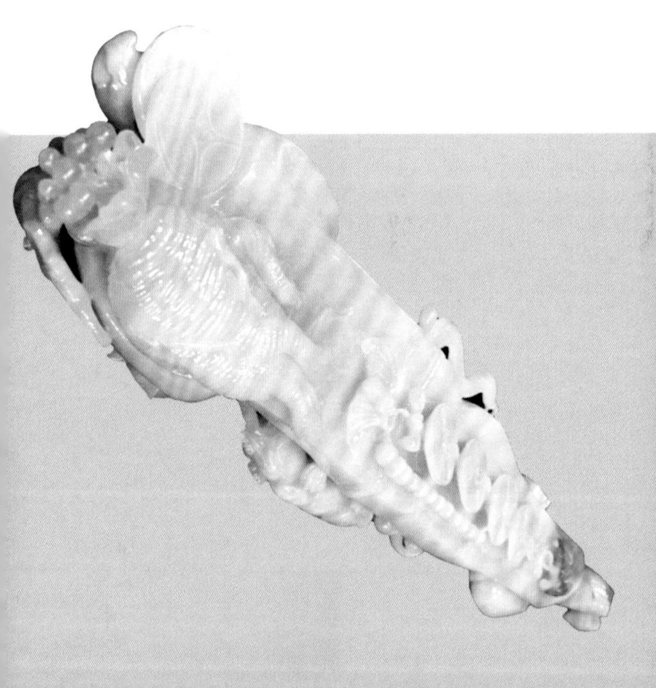

所谓“符”，是指其上的玉色和饰纹等。“君子必佩玉”是来源于“首德次符”说及“君子比德于玉”说。因为当“君子”佩上成组玉佩后，若走路太慢，就没有相互冲击而发生的叮当美玉声，即所谓“其声不扬”；若走得太快，则撞击的叮当声会杂乱无章，即表示“君子”伦理失道；唯一的办法是佩玉君子走路时要求不慢不快，有节奏感，方能使玉佩发出动听适度的美“德”之声。君子“必佩玉”发出的声音，除表示“君子”已“比德于玉”和“节步”外，也表示“君子”时刻以玉之德比己之德，提示自己的为人处事必须光明正大。另外这种动听之音，是一定距离前后左右之人都能听到的，从而防止非正人君子去跟随别人的行动和偷听别人说话的不道德行为。

章鸿钊先生在《石雅》中也曾提及“首德而次符”，形成了“德为质，符为彩”的说法。就鉴赏玉石而言，“德”是玉石的质地，“符”是玉石的色泽。品评玉石的质地是第一位的，即玩玉、赏玉、藏玉的人都要首先重视玉德；而色泽是第二位的，处于从属地位的。

中国玉器源远流长，已有七千年的辉煌历史。七千年前南方河姆渡文化的先民们，在选石制器过程中，有意识地把拣到的美石制成装饰品，打扮自己，美化生活，揭开了中国玉文化的序幕。在距今四五千年前的新石器时代中晚期，辽河流域，黄河上下，长江南北，中国玉文化的曙光到处闪耀。当时琢玉已从制石行业分离出来，成为独立的手工业部门。以太湖流域良渚文化、辽河流域红山文化的出土玉器，最为引人注目。

良渚文化玉器种类较多，典型器有玉琮、玉璧、玉钺、三叉形玉器及成串玉项饰等。良渚玉器以体大自居，显得深沉严谨，对称均衡得到了充分的应用，尤以浅浮雕的装饰手法见长，特别是线刻技艺达到了后世也几乎望尘莫及的地步。最能反映良渚琢玉水平的是形式多样，数量众多，又使人觉得高深莫测的玉琮和兽面羽人纹的刻画。

与良渚玉器相比，红山文化少见呆板的方形玉器，而以动物形玉器和圆形玉器为特色。典型器有玉龙、玉兽形饰、玉箍形器等。红山文化琢玉技艺最大的特点是，玉匠能巧妙地运用玉材，把握住物体的造型特点，寥寥数刀，把器物的形象刻画得栩栩如生，十分传神。“神似”是红山古玉最大的特色。红山古玉，不以大取胜，而以精巧见长。

从良渚、红山古玉多出自大中型墓葬分析，新石器时代玉器除祭天祀地，陪葬殓尸等几种用途外，还有辟邪，象征着权力、财富、贵贱等。中国玉器一开始，就带有神秘的色彩。

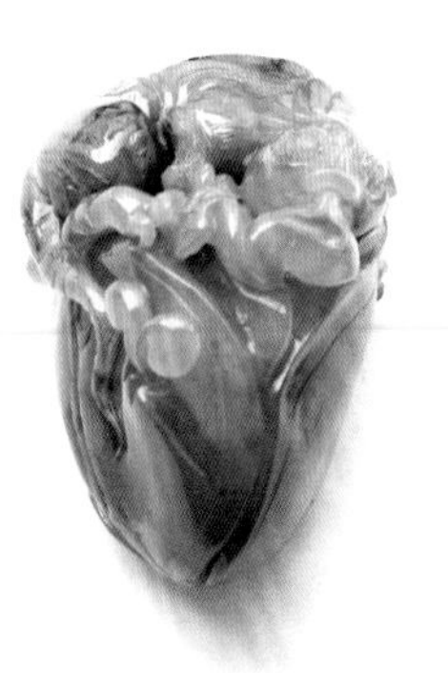

传说中的夏代，是中国第一个阶级社会。随着考古资料的不断积累，传说逐步变为现实，夏代文化正在不断揭示出来。夏代玉器的风格，应是良渚文化、龙山文化、红山文化玉器向殷商玉器的过渡形态，这可从河南偃师二里头遗址出土玉器窥其一斑。二里头出土的七孔玉刀，造型源出新石器时代晚期的多孔石刀，而刻纹又带有商代玉器双线勾勒的滥觞，应是夏代玉器。

商代是我国第一个有书写文字的奴隶制国家。商代文明不仅以庄重的青铜器闻名，也以众多的玉器著称。

商代早期玉器发现不多，琢制也较粗糙。商代晚期玉器以安阳殷墟妇好墓出土玉器为代表，共出玉器755件，按用途可分为礼器、仪仗、工具、生活用具、装饰品和杂器六大类。商代玉匠开始使用和田玉，并且数量较多。商代出现了仿青铜彝（yi，夷）器的碧玉簋（gui，鬼）、青玉簋等实用器皿。动物、人物玉器大大超过几何形玉器，玉龙、玉凤、玉鹦鹉，神态各异，形神毕肖。玉人，或站，或跪，或坐，姿态多样；是主人，还是奴仆、俘虏，难以辨明。商代已出现了我国最早的俏色玉器——玉鳖。最令人叹服和最为成功的是，商代已开始有了大量的圆雕作品，此外玉匠还运用双线并列的阴刻线条（俗称双勾线），有意识地将一条阳纹呈现在两条阴线中间，使阴阳线同时发挥刚劲有力的作用，而把整个图案变化得曲尽其妙。既消除了完全使用阴线的单调感，又增强了图案花纹线条的立体感。

西周玉器在继承殷商玉器双线勾勒技艺的同时，独创一面坡粗线或细阴线镂刻的琢玉技艺，这在鸟形玉刀和兽面纹玉饰上大放异彩。但从总体上看，西周玉器没有商代玉器活泼多样，而显得有点呆板，过于规矩。这与西周严格的宗法、礼仪制度也不无关系。

春秋战国时期，政治上诸侯争霸，学术上百家争鸣，文化艺术上百花齐放，玉雕艺术光辉灿烂，它可与当时地中海流域的希腊、罗马石雕艺术相媲美。

东周王室和各路诸侯，为了各自的利益，都把玉当作自己（君子）的化身。他们佩挂玉饰，以标榜自己是有“德”的仁人君子。“君子无故，玉不去身。”每一位士大夫，从头到脚，都有一系列的玉佩饰，尤其腰下的玉佩系列更加复杂化。所以当时佩玉特别发达。能体现时代精神的是大量龙、凤、虎形玉佩，造型呈富有动态美的S形，具有浓厚的中国气派和民族特色。饰纹出现了隐起的谷纹，附以镂空技法，地子上施以单阴线勾连纹或双勾阴线叶纹，显得饱和而又和谐。人首蛇身玉饰、鹦鹉首拱形玉饰，反映了春秋诸侯国琢玉水平和佩玉情形。湖北曾侯乙墓出土的多节玉佩，河南辉县固围村出土的大玉璜佩，都用若干节玉片组成一完整玉佩，是战国玉佩中工艺难度最大的。玉带钩和玉剑饰（玉具剑），是这时新出现的玉器。

春秋战国时期，和田玉大量输入中原，王室诸侯竞相选用和田玉，故宫珍藏的勾连纹玉灯，是标准的和田玉，此时儒生们把礼学与和田玉结合起来研究，用和田玉来体现礼学思想。为适应统治者喜爱和田玉的心理，便以儒家的仁、智、义、礼、乐、忠、信、天、地、德等传统观念，比附在和田玉物理化学性能上的各种特点，随之“君子比德于玉”，玉有五德、九德、十一德等学说应运而生。“抽绎玉之属性，赋以哲学思想而道德化；排列玉之形制，赋以阴阳思想而宗教化；比较玉之尺度，赋以爵位等级而政治化。”（郭宝钧《古玉新诠》）是当时礼学与玉器研究的高度理论概括。这是中国玉雕艺术经久不衰的理论依据，是中国人七千年爱玉风尚的精神支柱。

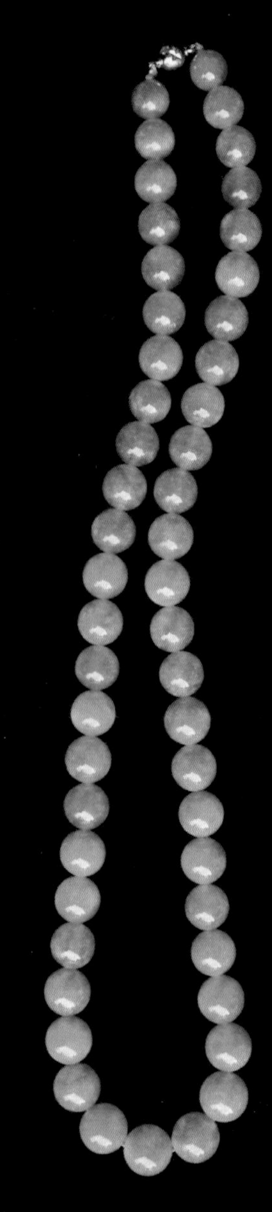

玉的功效

玉石是东方民族的精髓和传载之物，玉石不仅寄托着东方人的精神希望，同时玉石本身所具有的灵性赋予其神秘的力量，使人们得以保家安身，多姿彩的玉石更为人们的时尚添加风采。

玉的功效——物理好处

中国人爱玉，因为人们都相信“人养玉、玉养人”。“玉能养人”，就是玉对人体有好处的观点，现在已经被现代的科学证实了。经常佩戴玉石如玉镯、吊坠等，由于玉石摩擦皮肤刺激人体的穴位，能活络人体的经络和皮肤等，改善人体的微循环，促进新陈代谢、活跃细胞组织、从而增强人的免疫能力，达到防病健身之作用和防病治病效果。如佩戴手镯，女士佩带玉镯通常都是带左手的，手腕是人体血液循环的末端，佩戴手镯可以促进血液的循环，左手离心脏距离较近，玉镯对手腕上“内关”穴位的刺激，可以平稳血压，减轻心脏的负担，对心脏会有好处。

对玉石做化学成分分析，天然的玉石中含有多种人体必需的微量元素，如锌、铜、锰、镁、铁、铬、钴等元素，而有些微量元素人体无法通过食物中获取。因此佩戴玉石首饰，如玉镯、玉石吊坠等对人体皮肤直接接触和摩擦，玉石中的微量元素进入人体且被人体吸收，因此，长期佩带玉石，人体会慢慢吸收玉石中的微量元素，达到保健的作用。我国古代的医学名著《神农本草经》和《本草纲目》等都记载玉石有：“除中热，解烦懑，润心肺，助声喉，滋毛发，养五脏，安魂魄，疏血脉，明耳目”等功效；

玉的功效——美化装饰

玉，石之美者，天然的玉石有着丰富多彩的颜色，色彩艳丽（如翡翠的颜色中，有绿色翡翠、紫色翡翠、蓝色、无色透明的玻璃种翡翠、黄色翡翠、红色翡翠、橙色和黑色翡翠等；和田玉有白色、黄色、红色、碧绿色、青绿色和黑色等），目前市场上用玉石做成的首饰深受人们喜爱，玉石首饰也俨然已经和钻石、红宝石、蓝宝石等宝石一样，成为美化外表形象的装饰品，是美丽的象征。此外，玉石有着较强的光泽与硬度，以及玉石的唯一性，佩带玉石首饰可以体现出与众不同，也可以展示人们自我的个人魅力和独特、张扬的个性。玉石首饰虽然没有钻石、红宝石的璀璨、闪耀，但玉石有着含蓄典雅的美，有着灵韵美。

另外，玉石也是人内心美的体现。古人说：“玉有五德，仁、义、智、勇、洁”，古人有“君子佩玉”“君子必佩玉”的说法，孔子把“玉”看成为一种“德”的象征，所以人们佩带“玉”是用来体现自身的品格、气质或美德。此外，“玉”可以给人带来内心、心灵上的宁静，现在的社会是一个物质的社会，是个烦躁的社会，通过很长一段时间佩带“玉”和把玩“玉”后，人和“玉”相互间都有了浓厚的感情，“玉”成为人们永远信赖的朋友，成为人们精神上的寄托，人们可以达到心灵上的平静，内心的完美，人们的品格、气质和品德不断地得到提高、升华。

“黄金有价玉无价”，玉也是一种财富的象征，品质好的玉，也是价值不菲，佩带品质高的玉石首饰，自然而然地体现出雍容华贵、高庄典雅的气质。高品质的玉石首饰价格高，一般只有经济条件好的成功人士都喜欢佩带玉首饰，展示自己成功的一面。玉也是一种美的象征，玉石有着一种含蓄美、高尚的美和自信的美，选择佩带玉石的人都是有修养、品格高尚且有自信的人，因为“玉”恰恰能体现出他们的品格高尚和自信。

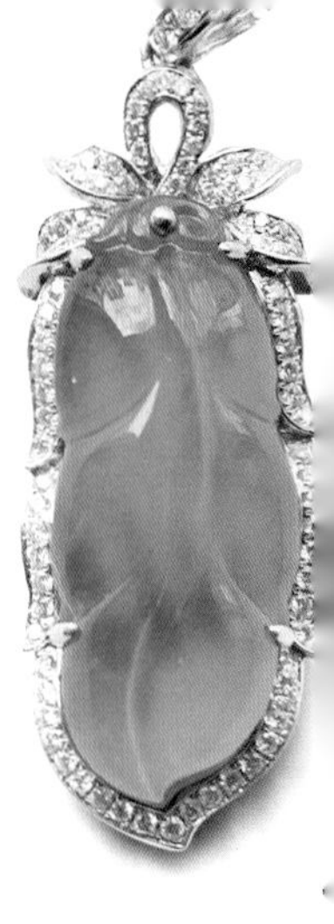

玉的功效——灵性

玉是有灵性的，所谓“人养玉，玉养人”，玉佩带时间久了之后，人体能滋养玉，能让玉变得更加的通透、润泽，有灵性。反过来，“玉”也能养人，“玉”能提供一些人体必需的微量元素，滋润人体，起到保健的作用，而且佩带“玉”时间久后。“玉”会有灵性，会护主。

人需要养玉，人养玉就是用身体去滋润玉，人养玉不需要做什么很复杂的事，只需要常常佩带在身上就行了，经常佩带玉，能补充玉的水分，保持玉的润泽。时常佩带玉，人体内分泌的油脂等会慢慢地渗透入“玉”里，油脂填充“玉”内部的晶体间的空隙，使“玉”的内部结构更加致密，玉折光度会越来越好，越来越亮。“玉”也会变得更有灵气，有灵性。

“玉”佩带时间久后，终年累月不离身，“玉”就会有灵性，就会和主人同呼吸共命运，有时候甚至会为主人粉身碎骨，比如人们都相信戴玉手镯有辟邪、护身的作用，很多人佩带玉的时间久后，有时候在工作或者生活中不慎摔跤，即使玉摔坏了，但身体没有受到很大的伤害，特别是老年人佩带的玉镯，老人不慎摔倒，玉为了护主，摔断了或者摔碎了，但老人身体也不会受到伤害。佩带时间久后的玉佛、玉观音等，也会有灵性，即使被主人不小心摔坏了，但佛和观音都是大慈大悲的，会宽恕主人的粗心行为，重新修复好玉佛、玉观音后，仍然会为主人显灵、为主人护身，一样可以继续佩带。另外，其他中国传统文化寓意的玉石雕件、摆件等也会有灵性，如钟馗摆件放在家中适当的位置，可以起到镇宅，保平安的作用。玉石的貔貅雕件、摆件可以保佑商人财源滚滚，墨翠的钟馗可以保佑官员的仕途顺利等等。

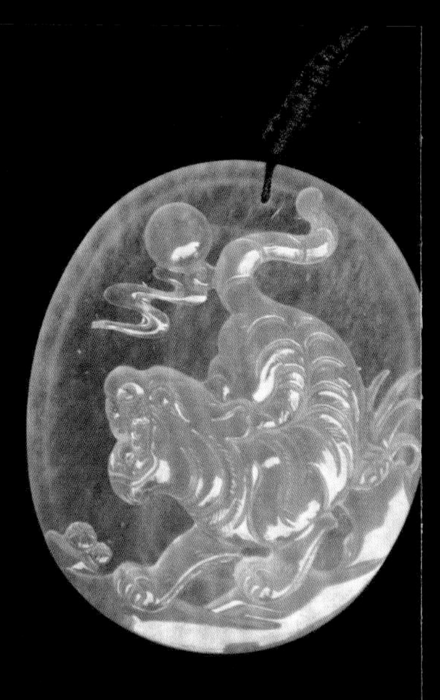

玉的功效——玉石文化传载

中华民族是一个爱玉、崇尚玉的民族，中国有着非常悠久的使用玉石的历史，在悠久的使用玉石的历史中，形成了中华民族独特的玉石文化。东方人借以玉石寄托传统思想和情感，把心灵的向往和对美好的期望寄托到具有万般灵性的玉石之中。在我国的传统文化中，玉石文化也是中华民族文化的一个重要部分，是东方爱玉民族的精神依赖和信仰，是东方文化、文明的孕育之体。玉石不仅是东方文化的代表和骄傲，同时还担当“器以载道”“传承文明”承载中华文明与中华文化的重要载体。

翡翠的寓意

“谦谦君子，温润如玉”，翡翠正是以它优雅华贵深沉稳重的品格，与中国传统玉文化精神内涵相契合，征服了中国大众的心灵，被推崇为“玉石之王”。翡翠是一种人们喜爱的石头，它光彩温润、色泽鲜艳、美丽动人。它与其他玉石一起在中国历史的长河中构成了独特的文化；它不仅是一种美丽的石头，而且在人们的心目中，它还带有神秘的信仰的附托。更为甚者，它还带着强烈的政治经济色彩，在玉的精神中，深深地烙下了人类历史发展中政治经济文化发展的印痕。儒家思想的道德哲学可用五个字来概括：仁、义、智、勇、洁。其象征意义则可以从玉的物理性质来喻意：“玉乃石之美者；有五德。润泽以温，仁也。鳃理自外可以知中，义也。其声舒畅远闻智也。不折不挠，勇也。锐廉而不悦，洁也。”由此可知，中国古代道德思想对玉的理解，对玉v的美的理解完全与对人的道德品质的追求融为一体。玉的品质就是人的道德、人格。后来的“宁为玉碎，不为瓦全”的崇高牺牲精神，即是以玉的纯洁高尚为喻，不愿做丑陋的小人。

中国人对玉的理解，首先是从古代人对自然、天地、环境的神奇力量的不可捉摸到作为神来膜拜、祭祀，进而转变为宗教观念的。无论是道家、儒家、佛家，都认为神灵的玉给予力量和智慧，并以达到平安的人生。故玉器中出现了祭礼、辟邪、护宅、护身等独特文化景观。例如，祭礼的玉大体有璧琮圭璋琥璜。礼曰：“苍璧礼天，苍者如天之色，璧圆像天体之形；黄琮礼地，黄色象征大地，四方喻地；青圭礼东方，圭代表玉者的身份，也喻寓太阳，青色代表东方，属木，喻春天，为天子大典之祭器；赤璋礼南方，半圭称为璋，赤代表南方，夏天，属火；白琥礼西方，世称白虎西方，属金，喻秋天，白虎星为西方之星；玄璜礼北方，璜为半璧，喻冬天、北方，属水”。故古礼死尸心背四方置璧、琮、圭、璋、琥、璜六种玉器，以礼天地四方之精。玉器文化中独特的佛神文化也是玉器宗教文化的重要组成部分。玉器的政治经济思想是从社会有阶级开始的，因此，它具有鲜明的地位等级、政令、战争、财宝等特点。中国人对玉器的地位等级的理解尤为精辟，它用不同的形器划分了人的政治地位。《周礼》中讲道：“以玉作六瑞，以等邦国。王执镇圭，公执恒圭，侯执信圭，伯执躬圭，子执谷璧，男执蒲璧”，“天子既执圭，后则奉琮”。在后来清朝中出现的不同官位朝珠的不同及珠质的不同即是这一思想的延续与发展。中国历史上有名的和氏璧的故事，以及历代王朝都将玉器作为财宝收藏与玩赏，无一不是这一属性的最好体现。在石器时代，由于生产力的低下，生活的艰苦和解释不了的自然现象，先民们把硬度高的石头用石打石的方法制造工具，后又把色泽艳丽的美石，经过打磨穿孔，甚至系上自捻的小绳、套在颈项上以辟鬼魔、护身求安，这是最为原始的信仰与寄托。随着生活资源的丰富，先民们感到美的石头，不但能护身辟邪，而且它还是一种美化自己的饰物，这又是最原始的审美意识，一种最早出现的信念和虔诚。从这以后经过几千年，玉不断地被赋予新的含意，发生着新的作用，在以后的社会发展进程中，更产生了许多和玉紧密关联的神话与传说，在华夏文明史上，玉石文化无处不见，精神美的象征，因而文人常用以比喻许多事物，使许多人、物、事、景为之

增辉生色。如谢枋得《蚕妇吟》：“不信楼头杨柳月，玉人歌舞未曾归”，称美女为玉人；牛峤《菩萨蛮》：“门外雪花飞，玉郎犹未归”，玉郎是女子对丈夫或情人的爱称。至于玉容、玉面、玉貌、玉手、玉体、玉肩等，都是古代文人用来赞美美发性肌肤和姿色的。白居易《长恨歌》中“玉容寂寞泪阑干”；梁简文帝《乌栖曲》中“朱唇玉面灯前出”里的“玉容”“玉面”，则是指代“玉女”了。此外，形容人的风致还有“亭亭玉立”“玉树临风”“金有价，玉无价”“君子以佩玉为美”“金玉满堂”“金口玉言”“冰清玉洁”“宁为玉碎，不为瓦全”等佳句名诗，形成了我国特有的一种玉文化及崇拜，都体现玉在人们文化生活中的地位。“玉，石之美者也”。许慎在解释并感慨着。

生成了亿万年的玉，遇到了中国人之后，才变成了通灵宝玉。而具有人类所有的美好品性的中国人，把玉看作了民族的精魂。因为玉也具备了人类所向往的所有的美好的品性，温文、宁静、含蓄、纯净、坚贞和正气。“君子比德于玉”，是中国人一句古训，是中国人与玉一见倾心的真情流泻。中国人活着，像玉一样，去世了，最神圣的悼念，也是“生刍一束，其人如玉”。玉最让人称道的品质还在于玉永远不折不挠。“宁为玉碎，不为瓦全”，是玉最让中国人感动的品性。

中国第一部诗歌总集《诗经》，收录了西周初年到春秋中叶的305篇诗歌，其中有不少涉及玉器或与玉有关的名篇名句，如“知子之来之，杂佩以赠之。”（《郑风·女曰鸡鸣》），其意是：我知道你来慰劳我，把由几种玉组成的佩玉赠送给你。“言念君子，温其如玉。”（《秦风·小戎》）之意为：想起我那心上人，温文儒雅有如美玉。屈原《九章·涉江》中云：“登昆仑兮食玉英，与天地兮同寿，与日月兮同光。”此句是说：登上昆仑山品尝玉之精华，可与天地一样长寿，像日月一般光辉。这都是脍炙人口的千古绝唱。之后，汉赋、唐诗、宋词、元曲以及明清小说等不同体裁的文学作品中，有不少用“玉”字的句子或题名，还有涉及玉的主题与情节。描写玉工碾玉劳动及其不幸爱情遭遇的宋话本《碾玉观音》，与玉的关系就更为直接。元明杂剧《玉·记》《拾玉镯》《一捧雪》等，也都是以玉文化素材为创作线索的代表作品。唐宋诗词中，用“玉”字或以玉字组句的，确是屡见不鲜、比比皆是，但以全诗吟玉或与玉密切相关的却不可多见。罕见的以玉为主题的唐诗，有李贺所作《老夫采玉歌》（《全唐诗》卷三百九十一），这首七言古诗描写一老夫在兰溪冒着饥寒和死伤的危险采玉的苦难生活。

“采玉采玉须水碧，琢作步摇徒好色。

老夫饥寒龙为愁，兰溪水气无清白。

夜雨冈头食蓁子，杜鹃口血老夫泪。……”

历代有不少有关玉的名句，如：

“沉香断续玉炉寒，伴我情怀如水……，吹箫人去玉楼空，肠断与谁同倚。”（李清照：《孤雁儿》）

“我欲乘风归去，又恐琼楼玉宇，高处不胜寒。”（苏轼：《水调歌头》）

“洛阳亲友如相问，一片冰心在玉壶。”王昌龄

“玉瓶泻尊中，玉液黄金脂。”白居易

“顾惭青云气，谬奉玉樽倾。”白居易

“钗头玉茗妙天下，琼花一树真虚名。”陆游

“著意登楼瞻玉兔，何人张幕遮银阙。”《满江红·中秋》辛弃疾

“飞起玉龙三百万，搅得周天寒彻。”《念奴娇·昆仑》毛泽东

“沧海月明珠有泪，蓝田日暖玉生烟。”《无题》李商隐

“碧香三酌半，玉笛一声新。”杨万里

还有许多有关玉的美妙成语及词句，如：鉴玉尚质，执玉尚谨，用玉尚慎。家家抱荆山之玉，人人握灵蛇之珠。藏玉显真情，佩玉升情操。艰难困苦，玉汝于成。金玉其外，败絮其中。宁可玉碎，不愿瓦全。无阳不看玉，月下美人多。太平盛世玉生辉。他山之石，可以攻玉。丰年玉、荒年谷。无瑕胜美玉。化干戈为玉帛。莱霞倚玉树，玉石俱焚，玉洁冰清，玉鱼之敛，玉姜避难，玉燕投怀，玉扇之报，玉昆金友，玉粒桂薪，玉润珠圆，玉不琢不成器，金科玉律，金玉良言，金玉满堂，金枝玉叶，金口玉言，金马玉堂，金浆玉醒，金童玉女，冰肌玉骨，洁身如玉，亭亭玉立，温润如玉，守身如玉，抛砖引玉，良金美玉，琼楼玉宇，怜香惜玉，香消玉殒，飞珠溅玉，玉树临风，美玉如斯等。

当人类的祖先把一颗兽牙或一块兽骨用皮绳穿起挂在自己的颈部时，那不仅仅是爱美的天性在作怪，还希望挂在胸前的战利品，能为他们趋吉避凶，消灾解难。每个民族在它的文明发展史中都孕育了独特的珠宝文化，一些珠宝首饰由于它材质的特殊性和某种传说而被赋予了特殊的灵性，成为人们所说的祈福珠宝。时代在发展，科技在进步，人们自然不会再迷信珠宝的所谓神灵作用。然而，在源远流长的历史中形成的审美观念和民风民俗依然潜移默化地影响着人们，追求幸福祈求平安也是人类共同的心愿。当你

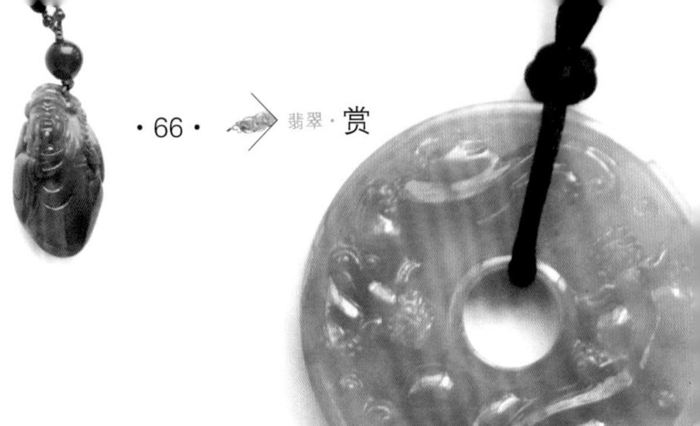

戴上一件祈福珠宝，只要你心中怀着真善美，紧贴你肌肤的珠宝自然会体会你的真心与真情，相信吉祥、安康、幸福、快乐会永远环绕着你。翡翠是玉中的一种，与璀璨闪耀的钻石相比，中国人对细密圆润、色彩鲜丽的翡翠倾注了更大的热情。中国的玉文化源远流长，古人云："君子之德比于玉"。戴一件晶莹碧透、内蕴坚实的翡翠，就是你君子之风的体现，那些雕刻着吉祥图案的翡翠更是幸运与幸福的象征，翡翠让你福运连绵。

如今，随着人类文明的发展，翡翠作为玉石中最珍贵的品种之一，更为人们广泛使用。人们用翡翠制作出各种精美的饰品、工艺品和首饰，来演绎艺术的真谛和美丽的风姿。每年一届的香港佳士得拍卖

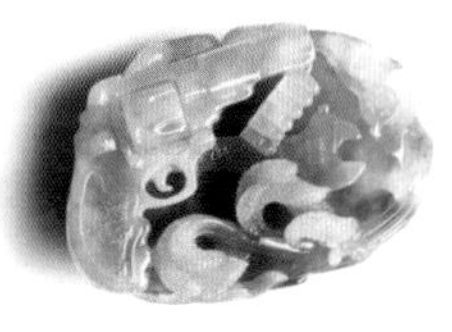

会上，常常有翡翠精品以惊人的价格成交，其拍卖价值居各类宝石之首，可见翡翠的受欢迎程度。西方人用钻石代表永恒，东方人用翡翠代表精神和艺术，“五福临门，福禄寿喜，步步高升，大展宏图，花开富贵，万象更新……”等中华文字的经典用语皆可由能工巧匠用翡翠雕琢成项链、戒指、挂件等来装扮自己，显示美丽和富贵。人们戴翡翠制成的神像等挂件，来达到精神上的寄托，用翡翠做成的摆件工艺品镇宅、辟邪、欣赏及收藏。

“玉文化”在中华文明的发展史上，多兴盛于太平盛世。今天，翡翠文化艺术的繁荣，与人们处在一个和平、富裕的时代有关。随着人们文化生活水平的提高，翡翠所展示的艺术文化也越来越昌盛。

话说玉出云南

自古以来，世人均认为翡翠产于云南，当言及翡翠产于缅甸时多数感到疑惑，何时翡翠又嫁到缅甸了？在全世界范围内珠宝级翡翠仅产于缅甸一个国家，其他如俄罗斯、日本等地虽也有硬玉岩（翡翠）产出，但都远远不够珠宝级。云南虽然毗邻缅甸但却未发现有翡翠矿床。但是从历史上来讲，翡翠与云南有着深厚的历史渊源。据《滇海虞衡志》中记载：“玉出南金沙江，昔为腾越所属”，即翡翠的矿产地缅甸雾露河流域一带在明朝万历年间曾属云南永昌府管辖。后来由于缅甸洞吾王朝的兴起及英国殖民者的入侵，将勐拱大片的土地划入缅甸版图，翡翠遂成为缅甸的国宝。这是“玉出云南”的理由。

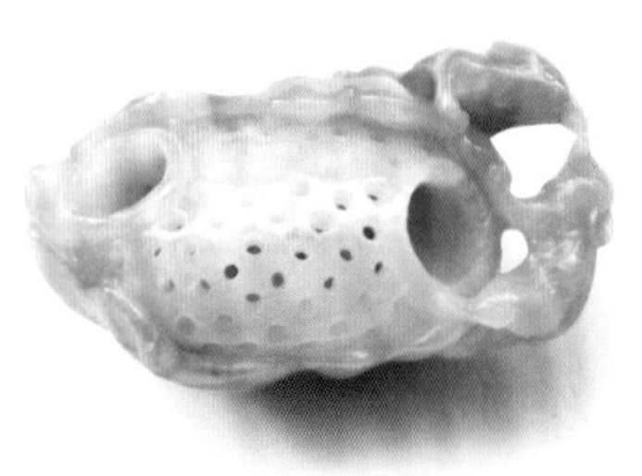

关于翡翠，有个美丽的民间传说一直流传至今，也是“玉出云南”的另一种说法。

古老神秘大理，是一座千年古城，唐代的南诏国、宋代的大理国都曾将它作为都城，悠久的历史和文化，使大理拥有“文献名邦”的美称。

提起大理，人们首先会想到以“风、花、雪、月”四大奇景而闻名的大理风光；点缀于苍山洱海之间的崇圣寺三塔；五朵金花及其美丽的传说；还有那洱海湖畔的渔家情。据传翡翠女出生在大理的名医世家，翡翠貌若天仙、身材娇美、心地善良、能歌善舞，自幼随父学医，精通医术。有“千塔之国”的美誉的缅甸，有世界上独特的“马蹄文字”（传说是三国时期诸葛亮的功绩），缅甸人民信奉小乘佛教，由于国内战事不断，经济落后，一次缅甸王子病重，缅甸御医束手无策，到大理求救，翡翠女随父去应诊，

缅甸王子和翡翠女一见钟情，缅甸王子病好后，重聘翡翠女嫁到缅甸，自从他的大臣到大理迎娶翡翠女后，缅甸王子在曼德勒进皇宫前在木桥头翘首以待他的心上人翡翠女的到来，当翡翠女到时，两个相爱的情人手牵着手在金色夕阳下相互依偎着走过木桥来到皇宫宝殿。后人们为了纪念这段爱情故事，将此桥称为情人桥，至今缅甸曼德勒青年定情时都有手挽着手在情人桥上走一走，祈求爱情美满幸福。

翡翠娘娘来到缅甸后，为百姓采药医病、惩恶扬善、把幸福和财富带给了缅甸人民，受到了缅甸人民的敬仰和爱戴。由于她生性好动与宫廷规矩相驳，渐渐地翡翠娘娘受到了冷落并被打入冷宫，发落到缅甸北部密支那的帕敢山区生活。经过千辛万苦、跋山涉水来到了密支那的勐拱镇交界的茵朵吉湖，茵朵吉湖是上缅甸（缅甸以曼德勒划分，曼德勒北部称为上缅甸，南部称下缅甸）最大的天然湖，每年湖水泛滥时冲毁大量的农田和庄园，使当地居民死的死、逃的逃、流离失所、妻离子散，当地老百姓苦不堪言。当年翡翠娘娘路过此地时正值湖水泛滥，湖水咆哮地卷走田地里的庄稼和蔬菜、农舍和庄园，有些年迈的老人和年幼的儿童被卷入滔滔洪流中，年轻力壮的青年逃到了山上，面对无情洪水卷走的亲人哭干了泪水，求天天不应、求地地不灵。目睹此时此景，翡翠娘娘决心搭救被洪水冲走的百姓并治理此湖，于是翡翠娘娘号召求天拜地的难民集体砍伐青竹，把青竹捆绑在一起投入茵朵吉湖中，被洪水冲走的老人和儿童得救了，洪水退却了，在洪水退却之地长出了一排排的倒插竹。自此有倒插竹的地方洪水不侵，茵朵吉湖被翡翠娘娘驯服了，百姓在此地安居乐业、捕鱼、务

农，过着神仙般的生活，此时正值三月二十五日。为了纪念翡翠娘娘的功绩，当地百姓特地在茵朵吉湖中建起了一座金碧辉煌的庙宇。说来也怪，每到每年的三月二十五至二十七日这三天中茵朵吉湖湖水就有下降，湖水中的庙宇就完全露出水面，供人们参拜。

关于翡翠娘娘的传说，在翡翠著名出产地帕敢的民间故事甚多，帕敢地区有许多举世著名的翡翠老场场口，尤其是近些年来又发现了一些储量较大的翡翠脉矿，使帕敢翡翠声名斐然。帕敢因翡翠出名，也因翡翠的盛产而成为缅北的重要城镇。在帕敢家家有翡翠毛料、人人看翡翠毛料，毛料即为赌石。是翡翠原石经过地质构造运动、风化、剥蚀、经河水搬运、磨圆形成了一层薄厚不等的外壳，外壳的里面是黄、红色的翡翠被称为“雾”，雾的里面是翠，俗称“肉”；五颜六色、晶莹剔透、灵性十足的翡翠躲藏在皮壳之中的雾和肉里。为什么翡翠要躲进厚厚的皮壳中呢？原来，翡翠娘娘自从被贬到上缅北的山区，看到那里的居民非常贫穷，饥饿，疾病，瘟疫，灾难常常伴随着贫穷的当地百姓；翡翠娘娘看在眼里、痛在心里，决心尽自己的所能解救受苦受难的老百姓，翡翠娘娘亲自上山采药、煎药为生病的百姓免费医治，并把中国当时先进的刀耕火种的农业耕种技术传授给了当地百姓，使当地的百姓过上了稳定的自己自足生活，此技术在缅甸北部和东部山区流传至今。翡翠娘娘为了使山区老百姓解除疾病痛苦，掌握先进的耕种技术，她沿着缅甸人民的母亲河——伊落瓦底江上游，跋山涉水，穿越丛林，脚步踏遍缅北高原的山山水水，最终翡翠娘娘病倒在回帕敢的路上，此地叫索比亚丹（肥皂山），此地距帕敢镇仅有十几公里。翡翠娘娘此时已心力交瘁，带着未完的心愿与世长辞了。当人们发现翡翠娘娘的遗体后，不约而同地聚在索比亚丹（肥皂山）为翡翠娘娘举行火葬。据说火葬的葬礼非常隆重，人们企盼着翡翠娘娘的灵魂升天，但翡翠娘娘的灵魂却未随火焰升天，为了完成生前未了的心愿，造福百姓、福荫子民，让她的山民世世代代过上好日子，翡翠娘娘的灵魂融入了地幔侵入到地壳的超基性的火成硬玉岩中，使这神秘的国家中又多了一种神秘的宝物——色彩斑斓、晶莹剔透的翡翠。据说翡翠娘娘的灵魂化成了翡翠玉时，晶莹透明的玉石中透射着七彩光芒、沁人心脾，透射出的光——红色的像鲜血欲喷出、绿色欲滴、黄色亮丽、紫罗兰像春天绽放的花朵。翡翠娘娘灵魂化成的翡翠玉石坐落在索比亚丹（肥皂山）的山顶上，前来送葬的人们都有此殊荣看到此奇珍，更为奇怪的是身患各种疾病的人当看到此宝玉时顿感心头一亮，所有病症都消失了，甚至连盲人都看到了光明。于是，当地的不法之徒勾结外国强盗欲抢夺此宝，据说抢夺此宝的外国强盗均被守卫宝玉的蟒蛇咬死、当地的歹徒被晴天霹雳

劈死，但翡翠宝玉也遭雷击，遭雷击后的翡翠宝玉变成了暗淡无光的黑石头。自此，美丽漂亮的翡翠不再炫耀自己，而是躲在厚厚的皮壳中，默默地为翡翠娘娘的子民创造财富。

赏工——翡翠机压件和手工件鉴赏、分辨

俗话说，“玉不琢不成器”，玉器的最终价值在很大程度上体现在雕刻工艺水平上，如果说，玉质本身好坏决定了玉器价格的六成，而那么另外的因素中，雕刻最少要占三成，甚至最终决定一件玉器的成败。一个粗劣的雕工，肯定连玉料的价格也收不回了，所以很多时候，雕工的价格已经超过了玉器本身的价值：一块翡翠挂件的料钱可能只要500元，而在这个挂件上进行的精工雕刻费用就可能要1000元！一块很普通的玉料，经过巧妙的俏色和创意雕刻后，最终玉器甚至会升值数十倍！

当然，现代的手工雕刻，也不是严格的传统意义上的“手工”了，而是用高速马达带动高速旋转的各种金刚钻磨头来切削玉料，但是如何切削，切削成什么样子，这可全靠雕刻者手上的功夫了，就像不管你用什么画笔，最终的图画还是决定于画家自身的修养和功底，因此我们还是把靠人工来造型的工艺称作手工雕刻。只是把传统的碾玉砣变成了今天的金刚钻磨头，河边的细沙换成了硬度更高的碳化硅磨料，从而让切削变得更加快速和高效而已。这也是从加工痕迹上来辨别古玉与现代玉器的一个重要参考指标。毕竟

很少有人愿意用老工艺来琢磨玉器了，那效率太低，谁也受不了。

但是手工雕刻毕竟还是费时费力，更重要的，不是随便一个人拿起金刚钻就能雕刻出漂亮的玉件，就像不是随便一个人拿起画笔就能画出美丽的图画一样，大家注意就能看到，大量的玉器被粗劣加工后，只能沦为地摊货色，这也是玉石资源被严重浪费的一个重要原因。

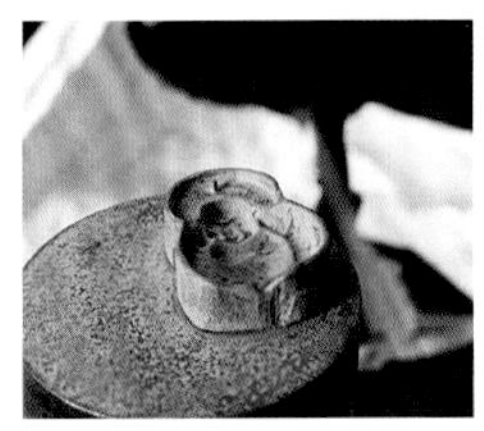

>> 精美的高碳钢玉雕模具

为了节省昂贵的雕刻费用，还能制作出让人喜欢的精美玉件，现在很多玉商已经开始采用超声波机器模雕刻工艺，在保证图案效果的前提下，极大提高了雕刻效率。这种工艺是采用一个高碳钢制作的精美模具，利用高硬度的碳化硅做解玉砂，通过机器带动模具在玉料表面以超声波的频率来回振动摩擦，达到快速解

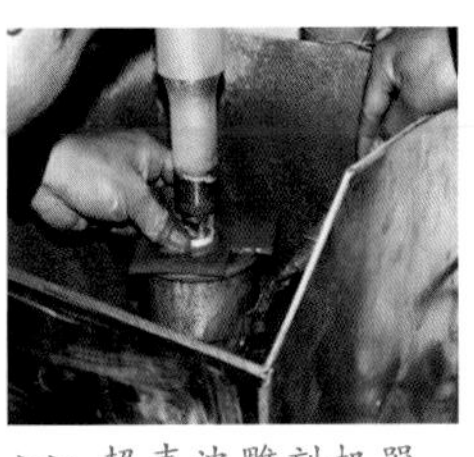

>> 超声波雕刻机器，流动的是碳化硅磨料

>> 超声波机器初步加工出来的玉件，经过切削抛光后即可上市

玉和雕刻的目的，从而极大降低了玉雕的成本，也可以说，这类机器雕刻工艺实际上就是模造。

既然是模造，就一定带有模具的特色：所有模造的玉件上，掏的洞都是有坡度的，以便模具进出，雕件看起来很复杂，但是往往会有一个共同的平面，另外很少会有牛毛般纤细的刀工，那样的模具太容易磨损了，也很少有刀痕上的崩口：随着高速研磨的进行，磨料自身也快速磨损，粒度越来越细，切削力越来越低，也就不容易造成明显的崩口。

先进的超声波套模雕刻技术可以大量制作精美的雕刻作品，缺点也是“大量”而雷同，而且一般玉质也都选用价值不高的杂料（好料自然要手工精雕细刻，从而提高玉器的最终价值），使得最终的玉器价格能比较便宜。

机器雕刻为了脱模方便，所有凹进部分一定是下斜的平滑坡度，而手工雕刻则是根据造型需要，随时进行掏挖的空洞，可以更加精确地表达造型特点，使得雕件更加生动细腻，而且各具特色，成为独一无二的珍品。

从这张模子里刚出来的佛图可以很清楚地看到，首先，这件作品，是没有雕刻刀痕的，整个表面都呈现橘皮结构，这样的成品，一般都会选择机器抛光（因为本身选择机压就是为了降低成本），煮蜡上蜡

以后，表面的光泽肉眼很难看到阴线位置是没有抛到光的（不排除有的成品阴线里面是不用抛光的），但是用指甲可以抠到橘皮结构。是那种有阻滞感的感觉。或者用放大镜可以清楚看到橘皮结构，而非刀痕。 再者，线条很死板生硬，阴线（即挖凹进去的线条）都如同一条沟壑般粗、深、硬，没有过渡和弧度。

从模具压出来的观音和佛的细节上可以看出：

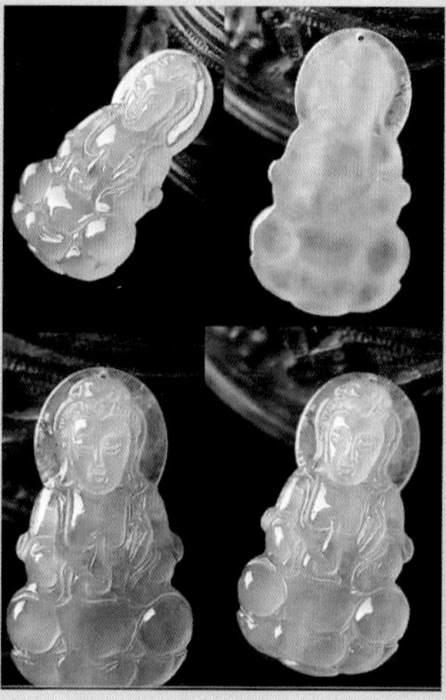

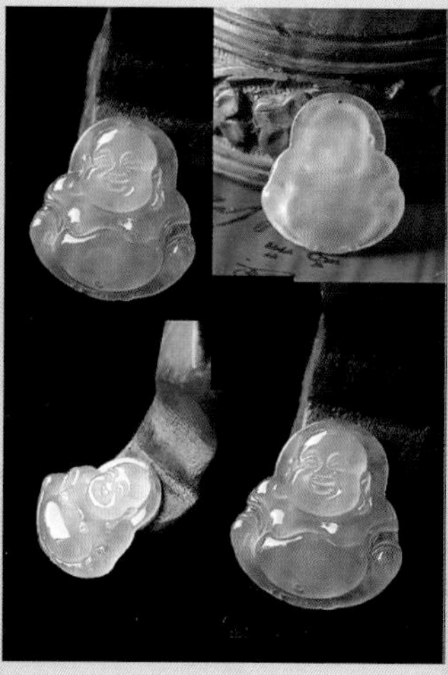

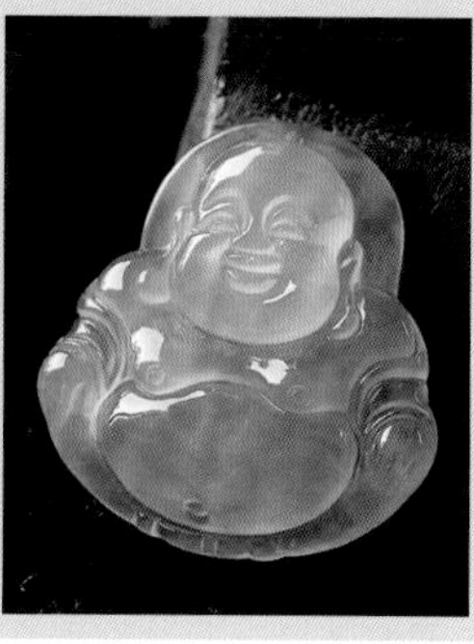

线条很生硬，一根阴线就是一个深坑，人像雕件没有什么生动表情，生硬死板得很。上面的观音和佛还算是好的，机压后用人工抛光的，做了些修正，还看得过去。

机抛的话，是不会有好的镜面和玻璃光泽的，光泽度不够，有橘皮结构，而且经常该圆的地方变成平的了。

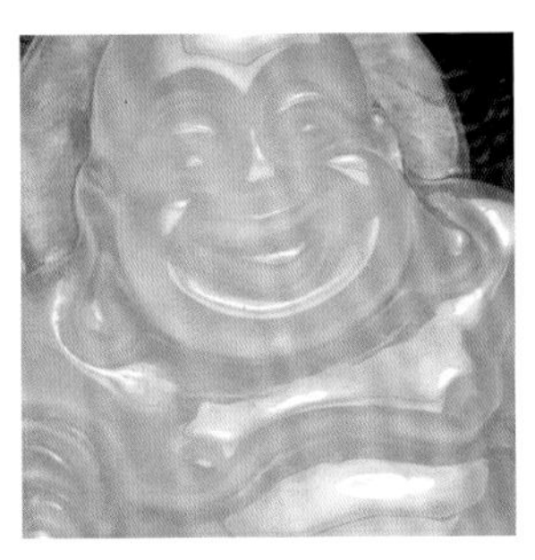

这张图左边的耳垂位置（反光那里），看到橘皮结构了吗？这是抛光的时候没有抛到的，放大以后就可以很清晰地看到。

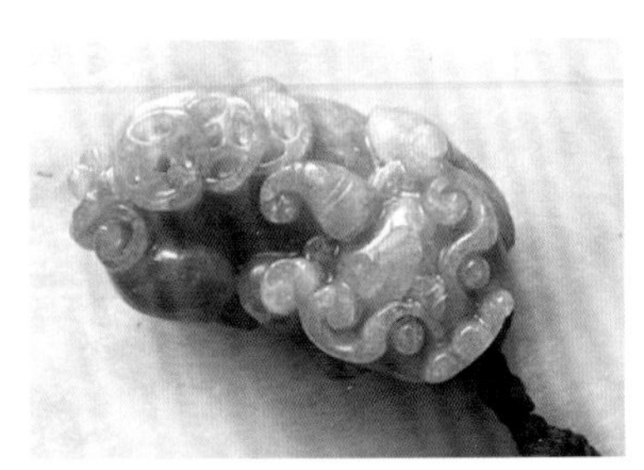

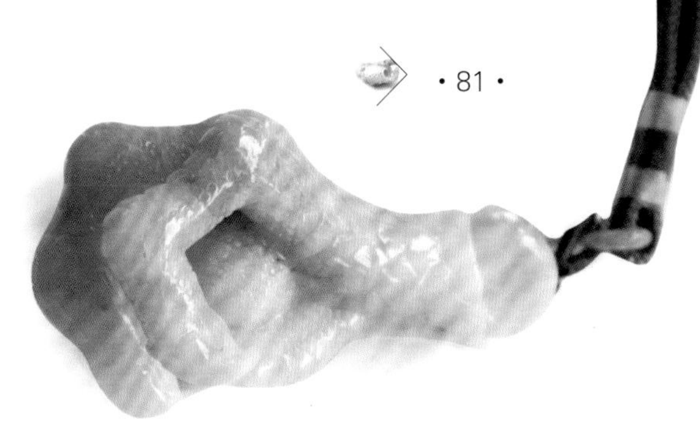

模子里出来的貔貅，看线条，看深坑。地摊上的貔貅基本都是机压的，料子差，成本低。

人工雕刻的观音线条流畅自然，刀势有起有收，弧度很美。

参考文献

[1] 张培莉. 系统宝石学. 北京：地质出版社，2006，5.

[2] 陈德锦. 系统翡翠学. 新浪网读书频道（http://vip.book.sina.com.cn/book/index_56346.html）.

[3] 摩佚. 摩佚识翠：翡翠鉴赏、价值评估及贸易. 昆明：云南美术出版社，2006，10.

[4] 袁心强. 应用翡翠宝石学. 武汉：中国地质大学出版社，2009，7.

[5] 苏文宁. 翡翠玉B货鉴别新探. 珠宝科技，1997，3：196.

[6] 陈德锦. 翡翠的鉴定程序. 科技资讯，2005，3.

[7] 陈德锦. 翡翠的选购等8篇. 大理日报，2005，8-2006，4.

[8] 欧阳秋眉. 翡翠鉴赏. 香港：天地图书有限公司，1995.

[9] 胡楚雁. 胡博士专栏——学术论文.

[10] 张代明，袁陈斌. 玉海冰花——水沫玉鉴赏·选购·收藏·保养. 昆明：云南科技出版社，2011，10.

[11] 徐斌. 翡翠百科.

[12] 陈德锦. 翡翠印象. 昆明：云南科技出版社，2012，7.

[13] 网友…轩辕丫龙尊、一片羽毛、童言、品玉有道等的文章

[14] 徐泽彬. 论木那种翡翠.

跋

本书是借鉴了摩休、袁心强、沈崇辉、吴云海、田军、张位及、肖永富、张培莉等专家的知识，根据作者本人2006年起在新浪网读书频道、17K读书频道中发表的《系统翡翠学》一书作为原稿编撰而成经整理编著的关于翡翠方面的知识书籍，其中有部分文字图片引用胡楚雁、徐斌 、网友灬轩辕ヤ龙尊、一片羽毛、童言、品玉有道等的文章，在此对他们表示诚挚的谢意。写的不妥的地方请各位专家学者指正。

本书中大部分图片均为作者以珠宝商家的物品作为样本所拍摄，少量图片来源网络，在此对于他们表示感谢。

感谢翡翠界泰斗专家摩休老师百忙之中给本书写序。

感谢其他两位作者的鼎力支持。

感谢妻子刘霞女士及特尔斐珠宝的支持。

玉即是遇，皆因有缘。

陈德锦　谨识